ツバメのくらし写真百科

Ōta Shinya
大田眞也

弦書房

目次

はじめに ……………………………………………… 4

I　ツバメのくらし ……………………………… 7

春

育雛に里帰り ……………………………………… 9
番い（ペア）誕生 ………………………………… 12
雌をめぐる雄同士の決闘 ………………………… 16
巣造り ……………………………………………… 23
古巣の再利用 ……………………………………… 37
交尾 ………………………………………………… 41
産卵と抱卵 ………………………………………… 47
抱雛と雛への給餌 ………………………………… 51
スズメの里親に …………………………………… 68
〈托卵〉 ……………………………………………… 70
発育不良雛の転落死 ……………………………… 72
雨浴びと羽繕い …………………………………… 77
巣立ち ……………………………………………… 84
燕の学校 …………………………………………… 90
天敵 ………………………………………………… 99

夏・秋
　　水辺に群れる ………………………………… 102
　　（採餌、水飲み、水浴び、日光浴、集団就塒など）

冬
　　越冬ツバメ …………………………………… 137

II　ツバメのデザイン ………………………… 143

　　バッジ・ロゴマーク ………………………… 144

　　貨幣 …………………………………………… 145
　　切手 …………………………………………… 146
　　模型 …………………………………………… 147
　　手拭い ………………………………………… 148
　　座布団 ………………………………………… 149

おわりに ……………………………………………… 150

はじめに

　子供の頃から念願だったツバメがわが家に営巣し、待望の雛が孵って４羽が初めて巣立ったのは、平成14年（2002）のことです。そのことが嬉しくて、それまでの断片的な観察記録も整理してまとめ、平成17年（2005）に『ツバメのくらし百科』（弦書房）を出版しました。

　その後もわが家にはツバメが毎年やって来て営巣し、平成27年（2015）からは2番いとなり、翌28年（2016）にはそのうちの1番いは2回繁殖しました。

　そういうことで『ツバメのくらし百科』以降に得られた知見や新しく撮影できた生態の写真も多く、それで今回は生態の写真を中心にツバメのくらしぶりを季節を追って見てみようと思い立ちました。つまり『ツバメのくらし百科』のビジュアル版です。前著共々ご愛顧いただければ幸いに存じます。

〈写真について〉
　生態写真は、最後の1枚（マレーシアのサバ州で撮影）のほかはすべて熊本県内で撮影したものです。
　そのうち繁殖（育雛）に関係したものの多くは、自宅（熊本市西区春日）とその近辺で撮影したもので、撮影の年・月・日だけを記しており、それ以外のものは撮影場所も明記しています。撮影場所は下図のとおりです（Ⓟ印）。

ツバメの撮影地概要図（熊本県）

写真・文=大田眞也

装丁=毛利一枝

I
ツバメのくらし

ツバメの家族

春

育雛に里帰り

　ツバメをはじめ、鳥類の1年間の生活は、育雛のために家族生活をする繁殖期（育雛期）と、それ以後の非繁殖期（越冬期）とに大きく2つに分けられますが、春から夏にかけての日本はツバメの繁殖（育雛）に好都合な自然条件がそろっています。

　ツバメ渡来（里帰り）の時季については、「平均気温9℃の等温線と共に北上する」とのヘギフォード（ハンガリー人）の説が古くから有名で、私が住んでいる九州中央部の熊本市内では、毎年、雛祭り（3月3日）前後に見られます。

〈左〉〈上〉 ラブソングを歌う!?雄 2013年5月5日

番い(ペア)誕生

　先に渡来した雄は、営巣に適当な場所を確保すると、近くの電線などに止まって、あるいは飛びながら大きい声で「土食って虫食って渋ーい」といったように早口で鳴いて、雌に呼び掛けます。
　ただ、番いの相手を選ぶのは雌のほうで、そのポイントは、尾羽の長さや白斑の大きさ、喉の赤さなどにあるようです。これらは雄らしさの象徴であると同時に、雛の成育を著しく阻害する寄生虫の少なさを示す指標(バロメーター)にもなっているのです。

雌（左）にプロポーズする!?雄（右）　2017年4月11日

雌(右)にプロポーズする!?雄(左)　2017年4月12日

雌(右)に自慢の営巣予定場所に案内した雄(左)　2016年5月1日

雌(右)と雄(左)で居心地を確認する　2011年5月1日

雌をめぐる雄同士の決闘

　雌はすべて番いになって繁殖行動をしますが、雄には番いになれずにあぶれるものも出ます。それで雌に呼び掛けているはずの鳴き声には、そんなまだ番いになれていない招かざる雄がやって来ることもあって、ときには雌をめぐって雄同士の激しい決闘が展開されることもあります。

巣への侵入雄（右下）を撃退する番いの雄（右上）と見守る雌（左）　2017年3月30日

〈上〉〈下〉 侵入雄(左)を撃退する番いの雄(右)

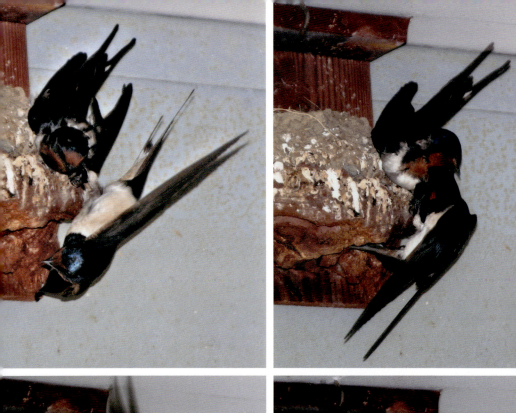

雌(右)をめぐる雄(左の2羽)の決闘　2017年3月30日

雄同士の決闘

雌同士の闘い。雌も気が強い　2016年6月5日

巣造り

　番いができると、雌と雄は協力して巣造りを始めます。巣は、野鳥にしては珍しく、人家に造られます。泥に枯れたイネ科植物の茎や葉を交ぜて唾液で固めた椀形で、内部の産座には枯れたイネ科植物の茎や葉、羽毛などを敷き、1週間から10日間くらいで完成させます。

　壁面に造られた巣の外観は半椀形に見えますが、肝心の内部の産座はきちんとした椀形をしています。

　営巣の場所としては、カラスやタカ類などの天敵が近寄りにくい、できるだけ人の姿が多い出入り口の付近が好まれます。郊外の田園地帯にある「道の駅」などでは半ば集団的な営巣も見られます。

巣材の泥を採取　2004年4月7日　熊本市東区広木町で

巣材にする枯れたイネ科植物の茎や葉を雌(左)と雄(右)で採取　2017年4月14日

巣材にする枯れたイネ科植物の茎や葉を採取　2017年4月15日

巣材にする枯れたイネ科植物の茎や葉を採取　〈上、下右〉2017年4月14日　〈下左〉2017年4月21日

半ば集団的に巣造り　2016年6月7日　宇城市の物産館「アグリパーク豊野」で

泥にイネ科植物の枯れた茎や葉を交ぜて唾液で固めて巣を造る
2016年6月7日　宇城市の物産館「アグリパーク豊野」で

蛍光灯に巣造りを始めた雌(右)と雄(左)2018年5月27日

蛍光灯に巣を造ろうとする雄(上)と雌(下)2018年5月27日

巣の内部(産座)には羽毛なども敷く　2017年4月5日

半ば集団的に営巣　2014年4月23日　八代郡氷川町の道の駅「竜北」で

半ば集団的に営巣　2013年8月14日　八代郡氷川町の道の駅「竜北」で

半ば集団的に営巣　2015年5月20日　宇城市の物産館「アグリパーク豊野」で

整った椀形の巣　2014年5月18日　玉名郡和水町で

整った椀形の巣　2017年5月22日　八代市坂本町の道の駅「坂本」で

泥の採取場所が変わって縞模様になった巣　2014年5月6日　菊池市の「きくち観光物産館」で

梁に造られた半椀形の巣。この巣の主は腹部が赤みを帯びていて珍しい
2014年8月14日　八代郡氷川町の道の駅「竜北」で

〈上〉〈下〉 土間(店舗の)の梁に造られた昔ながらの巣 2016年5月31日 玉名市高瀬町で

コンクリート壁に造られた半椀形の巣　2018年5月1日　宇城市の道の駅「宇城彩館」で

鉄の梁に造られた半椀形の巣　2017年6月13日　宇城市の道の駅「宇城彩館」で

鉄線上に巧みに造られた椀形の巣　2014年5月6日　菊池市の道の駅「泗水」で

テントの梁に造られた巣　2015年5月26日　宇城市の物産館「アグリパーク豊野」で

魔除けの呪いに吊るされたコガタスズメバチの巣上に造られた珍しい巣　2005年6月10日　葦北郡芦北町で

巣材の泥中に含まれていた種子が発芽して草だらけになった珍しい巣　2012年6月13日　宇城市の物産館「アグリパーク豊野」で

古巣の再利用

　巣造りには多くの労力を要することから古巣を再利用することも多く、なかには10年以上も再利用されている巨大化した巣も見られます。再利用では修復や、産座の部分を新しくするだけですので半分くらいの日数で使用可能となります。

　また、ツバメの古巣は、ツバメだけでなく、ほかのスズメやヒメアマツバメなどの格好の巣として利用されることもあります。

10年以上も修復を重ねての再利用で巨大化した珍しい巣　2018年5月4日　熊本市西区城山上代町で

スズメに再利用される古巣(右)　2014年4月23日　八代郡氷川町の道の駅「竜北」で

スズメに再利用される古巣　2005年7月19日　熊本市の「熊本港物産館」で

ヒメアマツバメに再利用される古巣。実はこれ以前にはイワツバメにも利用されいていた。
1976年6月13日　熊本市中央区桜町(熊本交通センター)で

交尾

　巣造りを始めてから４日目頃から巣の近くで交尾が見られます。雄はクチュクチュジュクジーなどと早口で鳴きながら雌に接近し、ころあいをみてサッと背に乗り、交尾します。
　精子は新しいものほど受精しやすいので、雌が一腹卵数（クラッチサイズ）を産み終えるまで雄は雌に付きまとって毎日数回繰り返します。それには、雌の不倫を防止して、自分の遺伝子DNAだけを確実に伝えようという意図があります。

〈上〉〈下〉 交尾に迫るも拒否される　2011年5月3日

交尾に迫る雄(左)と、雌(右)　2017年4月5日

交尾に迫る雄(上)と、雌(下)
2013年5月9日

交尾　2017年3月27日

交尾　2017年4月23日

産卵と抱卵

　一腹卵数（クラッチサイズ）は通常5個（3〜6）で、淡い赤褐色の小斑紋が全面にある白っぽい卵を、毎朝、活動開始前の7時頃までに1日に1個ずつ産みます。
　抱卵は、最後の卵を産み終えた日から始め、雌が主体で、雄は昼間に雌が採餌などに出かけている間に手伝う程度で、夜間は雌だけでします。

巣と卵　2003年5月26日

抱卵する雌(左)を見守る雄(右)　2018年4月28日

雌(左)から雄(右)への抱卵交替　〈上〉2013年5月16日　〈下〉2013年6月1日

夜間に抱卵する雌（左）に寄り添って眠る雄（右）　2018年4月29日

抱雛と雛への給餌

　抱卵15日〜16日間で雛が孵ります。孵ったことは親鳥が卵殻を巣から運び出すことで知れます。孵ったばかりの雛は丸裸同然で体温調節能力もありませんので、親鳥は卵のとき同様に5日間くらいは温め続けます。

　雛への給餌は、孵った当日からなされます。餌は昆虫で、親鳥は飛びながら空中で捕って来ます。雛たちは親鳥が発するクイッという鳴き声で一斉に口を開けます。雛の口内は、親鳥と比べてずいぶん色鮮やかで、赤くて黄色で縁取られており、大きく開くとまるで花が咲いたようです。親鳥は最も大きく開いた色鮮やかな口内に餌を入れます。それは美しいものを見せてくれたお礼のようにも見えます。最も大きく開いた口の雛は最も空腹で、単純な機械的行動ながら実に合理的です。要するに雛たちは自ら均等に親鳥から餌を受け取って同じように成長していくのです。

　餌をもらった雛は、すぐ後ろ向きになって糞をします。体の割には大きくて白いゼラチン質の膜に覆われており、親鳥はそれをくわえて捨てに行きます。

孵化した卵殻をくわえ出す　2013年6月1日

孵化して巣の下に落とされた卵殻　2013年6月1日

孵化して2日以内の雛は丸裸同然で眼もまだ開いていない　2003年6月10日

抱雛　2015年7月11日

夜間も雌(奥)が抱雛。手前は寄り添って眠る雄　2018年5月3日4時8分

雌（右）と雄（左）が協力しての雛への給餌　2013年6月13日

〈上〉〈下〉 雛への給餌 2013年6月13日

〈上〉〈下〉 雛への給餌　2013年6月20日

〈上〉〈下〉 雛への給餌 2013年6月19日

雛への給餌　〈上〉2013年6月20日　〈下〉2013年6月17日

雛への給餌　〈上〉2013年6月19日　〈下〉2013年6月17日

餌をせがむ雛たち　2015年7月26日

雛への給餌　2013年6月16日

雛が一斉に開けた口内は色鮮やかでまるで花が咲いたよう。親鳥は最も大きく開いた口内に餌を入れる　2013年6月20日

口を大きく開けさえできれば、羽色には関係なく餌をもらえて育つ　1980年7月10日　上益城郡山都町で

ガガンボの仲間を与える　2003年6月2日　球磨郡五木村で

サナエトンボの仲間を与える　2004年6月2日

モンシロチョウを与える　2015年5月23日

ジャノメチョウの仲間を与える　2017年5月30日

チョウの仲間を与える　2017年5月29日

雛の糞は親鳥がくわえて運び去る　2013年6月13日

餌をもらった雛はすぐ後ろ向きになって糞をする　2013年6月18日

雛の糞や取り損なって落ちた餌　2015年7月6日

スズメの里親に

　ツバメの親鳥は、雛の最も大きく開けた色鮮やかな口内に餌を機械的に入れますので、もし口内の色が似た食性が同じようなほかの鳥の雛を巣に紛れ込ませてやったとしたらどうなるでしょうか。
　ツバメの巣の下に落ちていた丸裸同然の雛がまだ生きていたのでてっきりツバメの雛とばっかり思い込んで巣に入れてやったところ、それがなんと近くに営巣していたスズメの雛でしたが、首尾よく育って、無事に巣立ったことがあります。

里子のスズメ(右から4羽め)も育てる　2009年6月5日　宇城市不知火町の道の駅「不知火」で

〈托卵〉

　親鳥が雛の最も大きく開けた色鮮やかな口内に餌を機械的に入れて育てるというのは、ツバメに限ったことではなくて、晩成性の鳥にひろく共通している育雛法です。雛の口内の色も、どの鳥もよく似ていて、内部が赤くて黄色で縁取られています。本能の動物といわれている鳥類は、育雛期になると雛の口内の鮮やかな色を見ると快感を覚えて給餌意欲が高まるようです。

　このような育雛期の生態を悪用して⁉ほかの鳥の巣にこっそり卵を産み込んで雛を育ててもらうずるい繁殖戦略を"托卵"と呼んでいます。托卵する相手には必ず自分より小さい鳥を選ぶのは、口の大きさを目立たせて給餌を確実に受けるためで、口内の色も里親の雛よりも鮮やかです。

　托卵する鳥は、日本産ではカッコウやホトトギスが有名です。また、ホトトギスの口内は"鳴いて血を吐くホトトギス"と言われているように特に鮮やかな赤色をしていることでも知られており、里親の給餌意欲を高めていると考えられます。

里子のカッコウ(右)に給餌する里親のセッカ(左)　1972年8月3日　阿蘇市一の宮町で

発育不良雛の転落死

　ツバメは一腹卵数（クラッチサイズ）を産み終えた日から卵を温め（抱卵）始めますので、雛は一斉に孵って同じ成育条件下で自ら均等に給餌を受けて同じように成長していき、ほぼ同日に巣立っています。

　しかし、何らかの原因で孵るのが遅れた雛は、成育のスタート段階で不利で、その差は日毎に大きくなり、給餌を受ける競争に負け、ついにはほかの雛たちから巣から押し出されて転落してしまうこともあります。近年は、雛孵化の時間差が大きくなっていて、このような雛の転落死が目立ってきています。それは抱卵を開始する前から既に胚の発生が進行しているとしか考えられず、地球温暖化の影響ではないかと懸念しています。

雛が落ちかかっているのに気づく　2013年6月17日

雌雄してどうしたらよいかとまどう　2013年6月17日

巣から落ちかかった雛　2015年7月7日

〈上〉〈下〉 どうにかして巣に戻そうとする雌親　2013年6月17日

下からくわえて？巣に戻そうとする　2013年6月17日

転落死した雛　2015年7月6日

雨浴びと羽繕い

　寄生虫が雛の成育を著しく阻害することは先述しましたが、それで親鳥は雨が降ると雨を受けての雨浴びをし、寄生虫を除去して清潔に努めています。

　雨浴びの後は、電線などに止まって、嘴でていねいに羽毛を整えます。

〈左〉〈中〉〈右〉　雨を浴びる　2015年6月3日

〈上〉〈右〉 夜間も雨をものともしない 2015年6月11日

〈上〉〈右〉 羽繕いをする　2013年5月15日

2013年5月11日

翼越しの足で頭を掻く　2013年5月31日

伸びをする　2013年5月31日

巣立ち

　雛は孵ってから約3週間後に巣立ちます。この成育期間は、体の大きさが同じくらいのほかの鳥と比べると約1.5倍の長さです。ツバメは巣立つとすぐ空中生活をしなければなりませんので、時間を十分にかけて入念に育て上げているのでしょう。雛たちは巣立ちが間近になると、よく羽ばたきの練習をします。その際には誤って巣から飛び出さないように巣の縁に内向きに止まってしています。

　巣立ちはだいたい午前中で、当日になると親鳥の態度が一変します。餌を運んで来てもこれまでのようにすぐに雛に与えないのです。餌が欲しければここまでもらいにおいでとばかりに巣の近くに止まって見せびらかすのです。そのうち空腹で身軽になった雛の1羽が意を決したかのように巣から飛び出て親元へ向かいます。すると親鳥はよく飛べたのでご褒美とばかりに餌を与えます。それを見ていた残りの雛たちもそれを見習うようにして次々と巣立っていきます。

　親鳥は、雛を巣立たせて2週間もすると、番いの半数以上が時を惜しむかのように、だいたい同じ巣で2回目の繁殖（育雛）にとりかかります。2回目の一腹卵数（クラッチサイズ）は、初回よりもやや少なめの4〜5個で、その雛たちも7月中にはだいたい巣立ち、その年の繁殖（育雛）は終了します。

巣立ち間近の雛たち。同じように成長している　2017年5月29日

羽ばたきの練習は必ず内向きでする 〈上〉2014年6月16日、〈下〉2016年6月8日

雛（左下）の巣立ちを促す親鳥（右上）　2016年6月9日

左の2羽は親鳥で、右側の2羽が巣立ったばかりの幼鳥　2016年7月26日

親鳥(右側の2羽)と巣立ったばかりの幼鳥たち　2015年7月20日

雨にかたまる巣立ったばかりの幼鳥たち　2017年7月4日

燕の学校

　雛は巣立っても自分で餌が捕れて自活できるようになるまでの10日間くらいは、親鳥からの給餌を受けながら餌の捕り方や、天敵、危険なものは何かなど生きていくうえでの必要なことを学びます。
　この間は、夜には巣に帰って来て就塒し、巣には巣立ち後1か月間くらいは昼間でもときどき帰って来ては休んだりしています。
　飛翔力は日増しにつき、巣立って2、3日すると自ら飛んで空中で親鳥から餌を受け取れるようになります。

巣立った当日、巣の前の電線上で親鳥(左)から給餌を受ける幼鳥たち　2003年7月1日

〈上〉〈下〉 巣立った幼鳥(左)に餌を運んできた雌親(右) 2016年6月8日

空中での給餌

〈上〉 待ちかねて空中で親鳥(右下)から餌をもらう幼鳥
〈上左〉〈下左〉 手前が幼鳥で、向かい側が親鳥
(写真はいずれも2016年6月11日 熊本市西区池上町で)

〈上〉〈右の上下〉　飛翔力が未熟な幼鳥は飛び疲れると木にもよく止まる
2016年6月10日　熊本市西区池上町で

白変した幼鳥　2007年5月17日　球磨郡錦町で

巣の近くに帰って来て集まる　2015年7月20日

巣立ち3日後に親鳥(両端)と一緒に巣で眠る幼鳥(中央の3羽)たち　2018年5月22日午前5時4分

夜間には巣に帰って来て眠る幼鳥たち　2014年6月19日

天敵

　飛翔が巧みなツバメの成鳥にはこれといった天敵はいないようですが、飛翔が未熟な幼鳥には、タカや大形のカラス類のほか、身近ではネコなどが危険で、特に巣立ちの時期が要注意です。親鳥は、これらが近づくと雌雄でツチツチと鋭い声で激しく鳴き立てながら体当たりせんばかりに急襲してたいていは追い払ってくれます。

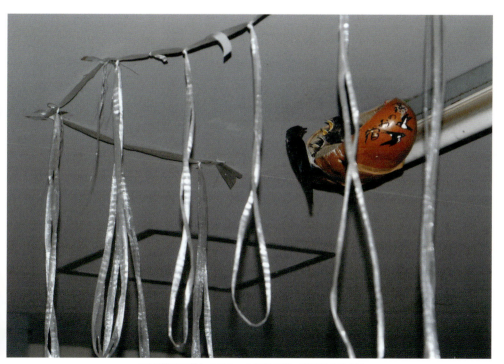

カラス除けに吊したビニール紐製の簾　2016年6月4日

ハシボソガラスにモビング(擬攻撃)する
2015年8月22日　熊本市南区城南町で

〈上〉〈下〉 ネコにモビング(擬攻撃)する 2012年6月3日

夏・秋

水辺に群れる

　その年に巣立った幼鳥たちは、育雛を終えた親鳥ともども郊外の稲田や蓮田、湿地、灌漑用水池などに集まり、渡去するまで過ごします。

　昼間は、水中から羽化した豊富なユスリカやトンボ類などの昆虫を捕食したり、水面をかすめるように飛んで水をすくい飲んだりしていて、ときには水面に激突せばかりに飛び込んでの激しい水飛沫を上げてのダイナミックな水浴びをしたりしています。また、日当たりのよい安全な場所の地面では集団で横たわって日光浴をしたりしています。

　海岸近くでは、いち早く南方を目指すショウドウツバメなども交じって見られます。

　そして夜間には葦原に多数が集まって就塒しています。

　空高く群れ飛んだり、高圧線の上段に集団で止まるようになると、間もなく南へ渡る合図で、やがて一斉にいなくなってしまいます。このような光景は、私が住んでいる九州中央部の熊本市内では8月中旬まで普通に見られます。

採餌

灌漑用水池で羽化した水生昆虫を集団で採餌する　2014年9月9日　熊本市南区城南町で

灌漑用水池で羽化した水生昆虫を集団で採餌する　2014年9月11日　熊本市南区城南町で

2015年8月21日

灌漑用水池で羽化した水生昆虫を採餌する　2015年8月23日　熊本市南区城南町で

2015年 8 月22日

2014年9月9日

2015年 8 月22日

水飲み

〈上〉〈下〉 水を飲みに水面に接近　2016年5月21日　熊本市西区池上町で

下嘴で水をすくい採る

水を飲みに口を開けて水面に接近

水を頬張る
（写真はいずれも2015年8月27日　熊本市南区城南町で）

水浴び

水飛沫を上げてのダイナミックな水浴びをする　2015年8月27日　熊本市南区城南町で（大田直子撮影）

2014年9月11日

水飛沫を上げてのダイナミックな水浴びをする　〈左〉2015年8月18日、〈上〉2014年9月11日　熊本市南区城南町で

採餌

〈上〉〈右〉 湿地で採餌する　2012年9月5日　熊本市西区沖新町で

採餌

稲田での集団採餌。稲の有害虫も含まれている　1998年8月22日　阿蘇郡南阿蘇村で

稲田での集団採餌。稲の有害虫も含まれている　2014年9月11日　熊本市南区城南町で

稲田で採餌する　2012年9月5日　熊本市西区沖新町で

稲田で採餌する　2014年8月27日　熊本市南区城南町で

〈上〉〈右〉 稲田で採餌する　2012年9月3日　熊本市西区沖新町で

蓮田に群れる　〈上〉2005年8月24日、〈下〉2018年8月18日　熊本市西区沖新町で

阿蘇北外輪山上の湿地に群れる　2002年9月3日　阿蘇市阿蘇町で

阿蘇北外輪山内壁の断崖で休む　1996年9月16日　阿蘇市阿蘇町で

白変したツバメ　1980年9月27日　玉名市横島町で

ショウドウツバメに交じる(上段の右から2羽め)　2004年10月1日　熊本市西区沖新町で

スズメ(右)と出会う。これぞ"燕雀(えんじゃく)"で、小鳥の代表。『史記』では小人物のたとえにされている
2004年8月22日　熊本市西区沖新町で

〈上〉〈右〉 渡る前の大集結 2014年8月27日 熊本市南区城南町で

ミサゴにモビング(擬攻撃)する　2015年8月21日　熊本市南区城南町で

クマタカをからかう　1990年5月5日　球磨郡相良村で

早朝、農道に下りる　2018年8月20日7時31分　熊本市西区沖新町で

日光浴

〈上〉〈下〉 集団での日光浴　2014年9月2日　熊本市南区城南町で

〈上〉〈下〉 白変したツバメ 1980年9月14日 玉名市横島町で

集団就塒

葦原での集団就塒　2004年9月12日　宇城市松橋町で

葦原での就塒　2004年9月12日　宇城市松橋町で

冬

越冬ツバメ

　寒さが苦手とみられるツバメは、-0.1℃くらいまでは活動可能のようですが、通常は5℃以下になると活動を停止するようです。それで冬季には日本より暖かい南方のフィリピンや台湾・ベトナム・マレーシア・インドネシアなどに渡って過ごすとみられていました。
　しかし、その寒さが苦手とみられるツバメが冬季にも日本にいることが知られて注目されるようになったのは、昭和の時代になってからのことです。静岡県の浜名湖畔の室内に集団就塒する、いわゆる"越冬ツバメ"は特に有名で、戦前の国定教科書にも載ったほどです。それ以前からいたのに、単に、昭和になるまで気づかなかったのか、それとも地球温暖化が進んで日本でも越冬できるようになったのでしょうか。
　その後、越冬ツバメは、関東地方以南の各地で確認され、それほど珍しいものではなくなりました。越冬ツバメが確認されている地域に共通しているのは、冬季でも餌となるユスリカなどが発生する水温の豊富な湧水などがある湖沼や河川が近くにあって、何々降ろしなどという強い寒風が吹いていないということです。
　ところで"越冬ツバメ"という語からは、本来は南に渡るはずのものが何かの理由で渡れなくて、やむなく冬季にもとどまっているといった印象を受けます。そういうものもいるでしょうが、日本で繁殖した夏鳥のツバメたちが見られなくなってから、しばらく間をおいて突如として大挙して出現することや、その中には夏季には見られなかった腹部に赤みを帯びたものがかなり交じっていることなどから、日本より北方で繁殖した寒さに比較的強いツバメたちが冬越しに渡来しているのではないかと考えられます。要するに越冬ツバメの殆どは、夏鳥のツバメとは対照的な全く別の冬鳥のツバメらしいということです。

雪が降るなかで川面を群れ飛ぶ　1987年2月3日　熊本市北区清水町の坪井川で

朝の飛び立ち前の集合。この後、それぞれ採餌に飛び立って行く
2002年11月22日　熊本市中央区細工町で

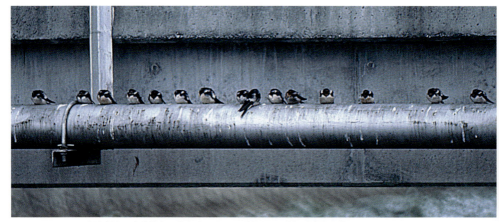

〈上〉〈右〉 水道管上で体を寄せ合って暖をとる。腹部が赤みを帯びたものが目立つ
1987年1月14日　熊本市北区高平の高平橋で

バナナの葉上で休む。日本で繁殖したものと同亜種とみられる
1978年12月28日　サバ州(カリマンタン島)北部のケンソンで

II

ツバメのデザイン

石燕（Spirifer）
古生代デボン紀（約3億5千万年前）の腕足類の化石
（アメリカ、オハイオ州産）

ツバメのデザイン

ツバメは、農林業上の有害虫を捕食してくれる有難い有益鳥として、また、巧みな高速飛行鳥などと認識されて、日常生活の中でもいろいろデザインされています。

バッジ・ロゴマーク

日本鳥類保護連盟のバッジ

日本野鳥の会のバッジ(初代)

九州新幹線5代目「つばめ」のロゴマーク

貨幣

エストニア共和国の500クローン紙幣（裏）

スロヴェニアの
2トラールヤ硬貨（裏）
（1995年）

サンマリノの
1000リラ硬貨（裏）
（2000年）

切手

カンボジア

ラオス

ルーマニア

中国香港

中　国

イスラエル

オーストリアの航空切手

カザフスタン

日本(1946年)

ギリシャの月別切手(3月)

リヒテンシュタインの
航空切手

北朝鮮

模型

紙製

磁器製

磁器製　　　　　　プラスチック製

手拭い

座布団

おわりに

　わが家にツバメが営巣し始めた平成14年（2002）当初にはわが家から半径100ｍの範囲内には4か所（4軒）で営巣が見られていましたが、現在（2018年度）では営巣しているのはわが家だけになってしまいました。

　ツバメの減少は、どうも全国的な傾向のようで、その主な原因は、格好の営巣場所の減少と天敵のカラス類の増加、減反による採餌場所の減少や化学農薬の影響、はたまた糞による汚れや鳥インフルエンザに対する異常とも思える忌避による巣の撤去…などいろいろ想像はされますが、はっきりしたことは分かっていません。あるいは全部が原因かもしれません。

　ただ、稲作文化の中で、長年続いてきた日本人とツバメとの相互信頼関係が薄れてきているのを実感して寂しく思っています。本書によりツバメに関心を深める人が1人でも多くなってくれればと願っています。

　平成31年（2019）1月10日

　　　　　　　　　　　　　　　　　　　　　　　　　　大田眞也

〈著者略歴〉

大田眞也（おおた・しんや）

1941年、熊本市生まれ。
熊本大学教育学部卒業。元公立小学校校長。
現在、さまざまな野鳥の生態観察とその記録撮影、および野鳥の文化誌研究を続けている。日本鳥類保護連盟会員、日本自然保護協会会員、日本鳥学会会員、日本野鳥の会会員。
著書に『熊本の野鳥記』（熊本日日新聞社）、『熊本の野鳥百科』（マインド社）、『熊本の野鳥探訪』（海鳥社）、『ツバメのくらし百科』『カラスはホントに悪者か』『阿蘇 森羅万象』『スズメはなぜ人里が好きなのか』『田んぼは野鳥の楽園だ』『里山の野鳥百科』『猛禽探訪記―ワシ・タカ・ハヤブサ・フクロウ』『ハトと日本人』（以上、弦書房）ほか。

ツバメのくらし写真百科

2019年1月30日発行

著　者　大田眞也
発行者　小野静男
発行所　弦書房
　　　　〒810-0041　福岡市中央区大名2-2-43ELKビル301
　　　　TEL 092-726-9885　FAX 092-726-9886
　　　　E-mail:books@genshobo.com
　　　　http://genshobo.com/
印　刷　アロー印刷株式会社
製　本　篠原製本株式会社

Ⓒ Ōta Shinya 2019
落丁・乱丁本はお取替えいたします
ISBN978-4-86329-000-0 C0045

◆弦書房の本

里山の野鳥百科

大田眞也 カッコウが鳴くと晴、ホトトギスが鳴くと雨。里山にくらす鳥たち一一八種の観察記。野鳥をとおして、里山の豊かさと過疎化による変貌を四〇年以上にわたって見つづけてきた記録を集成した決定版！
〈A5判・268頁〉 2000円

田んぼは野鳥の楽園だ

大田眞也 田んぼに飛来する鳥一七〇余種の観察記。豊かな自然＝田んぼの存在価値を鳥の眼で見たフィールドノート。春夏秋冬それぞれに飛来する鳥の生態を克明に観察、撮影、文献も精査してまとめた田んぼと鳥と人間の博物誌。
〈A5判・270頁〉 2000円

スズメはなぜ人里が好きなのか

大田眞也 すべての鳥の中で最も人間に身近でくらすスズメ。その生態を、食、子育て、天敵と安全対策、進化と分布、民俗学的にみた人との共生の歴史など、人間とのかかわりの視点から克明に記録した観察録。【2刷】
〈四六判・240頁〉 1900円

ハトと日本人

大田眞也 ハトは益鳥か、害鳥か。八幡神の使い、平和の象徴、伝書鳩など人の暮らしに重宝されてきた反面、食害や糞害をもたらしている鳥でもある。人に最も身近な野鳥の意外な生態を紹介、民俗的にも話題豊富な〈ハト史〉。
〈四六判・176頁〉 1700円

ツバメのくらし百科

大田眞也 《越冬つばめ》が増えている？！ 尾長のオスはなぜモテる？！ マイホーム事情は？ 身近な野鳥でありながら意外と知らないツバメの生態を追った観察記。スズメ、カラスと並んで身近な鳥の素顔に迫る。【4刷】
〈四六判・208頁〉 1800円

＊表示価格は税別

◆弦書房の本

《決定版》九州の山歩き【増補版】

吉川満　九州の山をくまなく歩き続けて50年の山の達人が、初心者は一度、経験者はもう一度歩いてみたくなる35山域、130コースを厳選、圧倒的な情報量で徹底ガイド。写真と地図を多用したオールカラー判。〈A5判・252頁〉【2刷】2000円

九州遺産　近現代遺産編101

砂田光紀　近代九州を作りあげた遺構から厳選した箇所を迫力ある写真と地図で詳細にガイド。産業遺産（橋、ダム、灯台、鉄道施設、炭鉱、工場等）、軍事遺産（飛行場、砲台等）、生活・商業遺産（役所、学校、教会、劇場、銀行等）を掲載。〈A5判・272頁〉【8刷】2000円

水彩日和　九州・心に残る風景を訪ねて

品原克幸　イラストレーターとして活躍する著者が、九州各地への小さな旅で見つけた、ガイドブックには載っていないなにげない風景の魅力を、150点の水彩画と軽快なエッセイで描く。オールカラー版。〈菊判・168頁〉2200円

有明海の記憶

池上康稔　有明、母なる海よ──昭和30〜40年代の有明海沿岸の風物とそこに暮らす人々の喜怒哀楽を活写したモノクロ写真集。失われた風景が息づく一冊。松永伍一氏の序文「有明海讃歌」を収録。〈菊判・176頁〉2000円

猛禽探訪記　ワシ・タカ・ハヤブサ・フクロウ

大田眞也　猛き鳥たちの世界へ。50年におよぶ観察をもとに生態系の頂点・猛禽類（ワシ、タカ、ハヤブサ、フクロウ）の多様な生態に迫る。子育て、狩りの姿、人とのかかわりなど新たな知見を網羅した、猛禽ファン必読の書。〈A5判・220頁〉2000円

＊表示価格は税別

ツバメのくらし百科

大田眞也

ツバメの生態を追った観察記の決定版。さらに、世界のツバメの話や民俗、文学の中で人々にどのようにとらえられていたのかなど、人間とツバメとの深いかかわり合いについてまとめた充実の一冊。
（1800円＋税）